CON GRIN SUS CONOCIMIENTOS VALEN MAS

- Publicamos su trabajo académico, tesis y tesina

- Su propio eBook y libro - en todos los comercios importantes del mundo

- Cada venta le sale rentable

Ahora suba en www.GRIN.com y publique gratis

Imprint:

Copyright © 2017 GRIN Verlag, Open Publishing GmbH
Print and binding: Books on Demand GmbH, Norderstedt Germany
ISBN: 9783668489486

This book at GRIN:

http://www.grin.com/es/e-book/366009/analisis-critico-de-la-ensenanza-de-automa-tizacion-industrial-en-el-sector

Boris Asdrúbal Arroyo Vergara

Análisis crítico de la enseñanza de "Automatización Industrial" en el sector universitario venezolano

GRIN Publishing

Ministerio del Poder Popular para la Educación Universitaria

ANÁLISIS CRÍTICO DE LA ENSEÑANZA DE AUTOMATIZACIÓN INDUSTRIAL EN EL SECTOR UNIVERSITARIO VENEZOLANO

BORIS A. ARROYO V.

Barinas, 2012

Contenido

Introducción

En el marco del Procedimiento Especial de Concurso Público para ingreso como personal ordinario en las Universidades Politécnicas Territoriales de Venezuela, dentro del Plan de Formación Permanente 2011 - 2012 ejecutado durante la Fase II del Concurso, se estableció la elaboración y presentación por escrito de un análisis crítico por parte del postulante sobre la Unidad Curricular en la cual hubiese venido desempeñándose durante el tiempo de labor en la Institución. En tal sentido, este documento constituye el análisis crítico realizado para la unidad Automatización Industrial, la cual forma parte de la malla curricular del Programa Nacional de Formación en Ingeniería Mecánica en los Tramos I y II del IV Trayecto, fundamentado en la praxis del autor como acompañante en aula del proceso de enseñanza-aprendizaje para el momento.

El análisis comprende la reflexión crítica sobre la práctica docente, incluyendo aspectos epistemológicos, teóricos, técnicos y morfológicos del diseño curricular. Dicho análisis es presentado en la Sección I y explica la interrelación de los aspectos mencionados con los objetivos de la educación universitaria en Venezuela, el Trabajo Socio Comunitario y el Proyecto Simón Bolívar. Así mismo, plantea los inconvenientes e incoherencias que, en opinión del autor, pueden observarse en el diseño curricular y en la materialización de sus objetivos a través de la práctica docente desempeñada.

En la Sección II, producto de las reflexiones planteadas en la Sección I, se establecen estrategias pedagógicas que se concretan en el diseño de una nueva unidad curricular, Sistemas Neumáticos, propuesta como parte del Programa Nacional de Formación objeto de estudio y cuya ejecución, conjuntamente con las recomendaciones que allí se señalan, vendrían a mejorar las situaciones problemáticas detectadas por el análisis crítico.

1. **SECCIÓN I. La Automatización Industrial en el ámbito del Programa Nacional de Formación en Ingeniería Mecánica**

Es pertinente resaltar en primer lugar, que el presente análisis se sustenta epistemológicamente en la Teoría General de Sistemas de Ludwig Von Bertalanffy (Ramírez, 1999) como herramienta para comprender el diseño y la praxis docente de la unidad curricular Automatización Industrial, puesto que conforma la antítesis del método analítico por el cual se pretendía descomponer las generalidades en particularidades aisladas cuyos análisis podrían luego ser "sumados" para lograr la comprensión de la totalidad, método propuesto por René Descartes y por muchos años tomado como científico por la cultura occidental.

Bertalanffy en cambio reivindica el concepto de totalidad de Marx, para quién el estudio de cada fenómeno particular sólo puede ser comprendido en relación con el todo, que a su vez se manifiesta en los fenómenos del acaecer. En cualquier categoría "se refleja el hecho de que la sociedad representa una unidad dialéctica entre ser y conciencia, y por tanto es un todo" (Kofler, 1973 p.51). El concepto de totalidad no es totalitario, si por tal se concibe el predominio de los elementos más genéricos de la realidad, sino que Marx apuntaba a precisar la existencia de un conjunto de relaciones que constituyen una totalidad concreta. Ese conjunto de relaciones permite entender la esencia del todo, por lo que metodológicamente el análisis no se centra en el estudio de las partes de manera aislada, ni tampoco en la imposición de la generalidad sobre aquéllas. Son las dos cosas al mismo tiempo, la interrelación entre las diversas partes que constituyen la totalidad y el juego recíproco de cada una de ellas.

Por otro lado, al estudiar las estructuras, estrategias, técnicas y métodos pedagógicos de la unidad curricular, cabe señalar que las teorías subyacentes son la del constructivismo social de Vigotsky y la teoría del aprendizaje significativo de Ausubel, por ser éstas las bases sobre las que descansa el diseño curricular de los Programas Nacionales de Formación (PNF). Por tanto se busca más una explicación o comprensión de la realidad que la verdad absoluta, entendiendo que existen diferentes formas de realidades dependiendo de la perspectiva que se utilice y de las experiencias vividas, ya que las personas por medio de la interacción social pueden obtener un desarrollo intelectual y es a través de las relaciones en la sociedad dónde pueden hacer significativo su aprendizaje (González, 2011; Quesada, 2004).

Desde dichas teorías, se considera al docente ("analista" en este caso) como parte de la realidad que intenta explicar, por tanto no es un actor externo al objeto de estudio sino partícipe de éste y cuya subjetividad influye en la comprensión y conformación del objeto mismo, substituyendo la objetividad positivista por un sistema interrelacionado de subjetividades constructor de significados a través de procesos hermenéuticos.

En otro orden de ideas, además de las bases en las cuales se sustenta el proceso de análisis, el presente estudio toma las directrices de documentos oficiales de la República Bolivariana de Venezuela, tales como: la Constitución vigente (publicada en 1999); el Plan de Desarrollo Económico y Social de la Nación 2007-2013, donde se da continuidad al Proyecto Nacional Simón Bolívar (MINCI, 2007); y el Plan Nacional de Ciencia, Tecnología e Innovación 2005-2030 entre otros.

A partir del nombramiento como Presidente de la República Bolivariana de Venezuela del Cmdt. Hugo Rafael Chávez Frías en el año 1999, los procesos industriales nacionales fueron progresivamente transformándose en forma vertiginosa, obligando a las comunidades a reorganizarse y generando un cambio en la naturaleza tanto de los procesos de manufactura, como de los servicios públicos y privados. Estos cambios impactan la forma de pensar y actuar de la sociedad ante el desarrollo de la industria y los servicios de las comunidades. Los conceptos que se manejan son cada vez más complejos y abarcan un entorno más amplio. Ante esta realidad, como estrategia para la adecuación del país, fueron formulados una serie de planes y reformas en el orden económico, político y social, en cuyo contexto se circunscriben los Programas Nacionales de Formación, como parte de la Misión Alma Mater, oficializada mediante Decreto 6.650 del 24 de marzo de 2009, publicado en Gaceta Oficial N° 39.148 del 27 de marzo 2009.

El PNF (Programa Nacional de Formación) en Ingeniería Mecánica se crea como respuesta a la necesidad imperante del país de la generación de profesionales identificados con los planes nacionales, con un alto nivel de capacitación y de conciencia ambientalista, centrados en el desarrollo económico y social sustentable con miras hacia la independencia agroalimentaria de la Nación. Es un nuevo paradigma educativo que busca el desarrollo de habilidades a través de la ejecución de proyectos como estrategia central de formación, integrando la práctica académica profesional, la investigación y el intercambio de saberes universitarios con los saberes populares de las comunidades.

Es así como cada trayecto del PNF en Ingeniería Mecánica está orientado por un proyecto socio-integrador que organiza los aprendizajes de las unidades curriculares de formación, permitiendo la interdisciplinariedad y la integración de saberes, incluyendo los de carácter popular de la sociedad. En los primeros tres trayectos los estudiantes ejecutan proyectos que fortalecen sus habilidades en la interpretación y elaboración por métodos convencionales o asistidos por computadoras de planos de elementos y sistemas mecánicos, como también el diseño, instalación y mantenimiento de los mismos. Mientras que en el cuarto trayecto, se contempla el desarrollo y automatización de procesos mecánicos para la producción de bienes o servicios con estándares de calidad determinados.

Es precisamente en el cuarto trayecto donde se encuentran programados los saberes de la Unidad Curricular (UC) Automatización Industrial, cobrando un papel preponderante en la construcción del nuevo modelo productivo socialista planteado en el Proyecto Simón Bolívar, apuntalando claramente a "... impulsar el logro de un desarrollo tecnológico interno que posibilite la autonomía relativa de las actividades productivas y de servicios..." y además señalando que "La nueva forma de generación y apropiación de los excedentes económicos será productivamente eficiente y productora de bienes y servicios de calidad, de tal modo que compitan exitosamente con las empresas privadas capitalistas del país y de los otros países con los cuales se intercambian bienes y servicios" (MINCI, 2007).

Cabe aclarar, que la forma de competencia que plantea el Proyecto Simón Bolívar, debe entenderse como medio para el logro de la "suprema felicidad social" y no como es concebida en los sistemas neoliberales, para los cuales lo único importante es la obtención de capitales y acumulación de riquezas por encima de cualquier otro objetivo. Al contrario, es una competitividad en cuanto a la solidaridad, la inclusión de los más débiles en la repartición del bienestar y de la seguridad social de los trabajadores.

Los saberes que contempla el Programa Analítico de la UC Automatización Industrial, no se diferencian en las Universidades Politécnicas Territoriales de los contenidos en los programas de las Universidades tradicionales al servicio de las grandes trasnacionales, porque en ambos tipos de instituciones se necesitan los mismos conocimientos sobre automatización y producción en serie, sin embargo son desiguales en la direccionalidad de esos saberes ya que el objetivo en las primeras no es el de monopolizar mercados, a su vez la competitividad que se plantea es con el deseo de hacer más productivas a las empresas socialistas y de esta manera influir positiva y equitativamente en el bienestar de cada uno de sus miembros.

La automatización industrial, además ofrece alternativas de producción a través de sistemas integrados (eléctricos, mecánicos, informáticos, entre otros) que propician la participación remota del ser humano en aquellos procesos en donde sea particularmente peligrosa la intervención directa del hombre, como por ejemplo la extracción del crudo en pozos petroleros, o en donde se desee minimizar la propensión de errores humanos, bien sea por cansancio o por la limitación natural de sus capacidades físicas, como el caso de trabajos dentro de minas o en operaciones quirúrgicas que requieran gran precisión motora. No obstante, la inclusión de automatización siempre debe ser como herramienta de apoyo a la toma de decisiones humanas y no en sustitución absoluta de ésta.

Según el Programa Sinóptico de la unidad Automatización Industrial su propósito es "Dar las herramientas necesarias para realizar los cálculos de los distintos elementos que interaccionan en comportamiento dinámico de un mecanismo o máquina" (MPPEU, 2010). Analizando el alcance de este propósito puede observarse que no existe una relación del mismo con el ámbito industrial, pues pareciera que bastaría con construir conocimientos alrededor de métodos y procedimientos de cálculos para el funcionamiento de una máquina, mientras que los problemas que surgen en las industrias son de índole significativamente mayor, al interrelacionar sistemas mecánicos, eléctricos e informáticos, entre otros.

Ahora bien, a pesar de la inconsistencia reflejada en el propósito, en el contenido detallado del Programa Analítico se evidencia un mayor alcance de la UC, al incluir saberes acerca de modelado de sistemas físicos, análisis de respuesta transitoria, introducción a la optimización de sistemas, método de respuesta en frecuencia,... (relacionados con áreas de conocimiento de la ingeniería de sistemas y de control de procesos, entre otras disciplinas); tópicos como instrumentación industrial, tipos de señales e instrumentos de medición, diagramas y normativas de instrumentos,... (concernientes con la ingeniería en instrumentación, la ingeniería electrónica y la ingeniería eléctrica) y contenidos asociados más con la neumática y la informática como el caso de la lógica combinatoria y secuencial, y los autómatas programables, respectivamente.

La realidad de la práctica docente en el contexto del estudio, evidencia una construcción de conocimientos siguiendo la orientación detallada en el contenido programático y con menor cohesión al propósito mencionado. La crítica concreta al respecto, es que el propósito de la unidad no se corresponde con los contenidos programáticos establecidos, no tiene estrecha relación con la denominación de la unidad, y tampoco muestra cuál es su relación en el logro del perfil del egresado del PNF en Ingeniería Mecánica, por lo tanto tal propósito debería ser reformulado. El cambio propuesto es detallado posteriormente como sugerencia en la Sección II del análisis crítico.

En adición a lo anteriormente expuesto, al estar inscrita Automatización Industrial en el PNF de Ingeniería Mecánica, el propósito referido deja al usuario (lector, docente, discente,...) la función de relacionar la UC con los lineamientos de la educación universitaria y los planes de desarrollo de Venezuela; puesto que si se revisa dentro de la estructura del Programa Sinóptico no aparece ninguna evidencia de cómo articular los contenidos programáticos con el desarrollo de las comunidades.

Esta omisión, por llamarla de algún modo, se intenta corregir en la práctica docente a través de la UC "Proyecto Socio Integrador", en la cual durante todo el programa deben integrarse los conocimientos de las unidades curriculares de cada trayecto con los problemas que las comunidades evidencian en los diagnósticos participativos a través de los consejos comunales. Sin embargo, si se revisan los diagnósticos participativos de las distintas comunidades, puede observarse que la mayoría de los problemas cotidianos presentan una complejidad mucho menor que las situaciones problemáticas que ostentan las plantas de producción industrial.

Por tanto, si bien es importante resolver problemas de los consejos comunales (que son abordados con suficiencia con los proyectos socio integradores de los tramos I, II y III), para el caso particular de la unidad Automatización Industrial, deben activarse canales de comunicación con los organismos públicos y privados del territorio, que propicien la creación de sistemas automatizados en procesos industriales. Tal es el caso de PDVSA/Barinas, el

Complejo Agroindustrial Ezequiel Zamora (CAEZ), CORPOELEC/Barinas, la Refinería de Santa Inés, la fábrica de camiones y tractores a través del convenio Venezuela – Bielorrusia y los proyectos a través de la Misión AgroVenezuela, entre otros.

En la práctica docente actual, lo que se ha tratado de desarrollar son pequeños proyectos de automatización que resuelven problemas puntuales de alguna comunidad, tal es el caso de la automatización de una dobladora de tubos y el diseño de una máquina automatizada de construcción de bornes para automóviles, por mencionar algunos. Por otra parte, al no disponer por los momentos de acceso al aparato industrial del territorio, la academia se vio obligada a implementar la simulación de los sistemas en estudio haciendo uso de software informático, pero en lo sucesivo debe implementarse la posibilidad de trabajo de grupos de estudiantes directamente en las plantas de la región, pues no existe hasta la fecha software libre que permita hacer simulaciones mecánicas con la misma versatilidad del utilizado (Automation Studio, Festo Fluidsim, Mat-Lab,...) que es el llamado software propietario, en clara oposición a lo que dicta el decreto presidencial 3390 sobre el uso de software libre en las instituciones del Estado.

Pasando a otra dimensión o variable de análisis, el contenido programático de la UC se conforma de trece saberes estructurados en dos módulos, para cuyo desarrollo está estimado un período de dos tramos (I y II) del Trayecto IV, es decir 24 semanas. Se supone que este objetivo sería posible utilizando las estrategias de enseñanza-aprendizaje pertinentes que aceleraran el logro de los objetivos de aprendizaje. No obstante, la realidad de la práctica docente ha puesto en evidencia lo ambicioso del programa en cuestión, surgiendo a nivel nacional varias propuestas de reformas al programa referido.

El programa original contempla la integración casi total de los contenidos de al menos cuatro programas tradicionales (anteriormente llamados materias), que eran dictados en un semestre cada uno. Estos programas son: Sistemas de Control (Módulo I de 7 saberes), Instrumentación (saberes del 1 al 4 del Módulo II), Neumática (saber 5 del Módulo II) y Autómatas Programables (saber 6 del Módulo II), los cuales, considerando que los dos últimos saberes son sólo parte de las materias originales, podrían desarrollarse durante 15 meses del año (tres semestres tradicionales, cuya duración real era de 5 meses cada uno). La pretensión es que estos mismos contenidos puedan ser desarrollados en 6 meses (lo cual equivale a una reducción del 150% del tiempo original) y, además, incluyendo estrategias pedagógicas constructivistas (construcción colectiva del conocimiento) que implican adaptación al ritmo y sistema preferido de aprendizaje de cada estudiante, o en otras palabras atención personalizada.

En relación con lo anterior, la experiencia en la Universidad objeto de estudio, desde la praxis docente desarrollada en la UC Automatización Industrial, evidencia que utilizando estrategias constructivistas se propicia en los estudiantes una mayor comprensión y transferencia de saberes a sus entornos, mayor solidaridad con sus compañeros e incremento de responsabilidad compartida. Sin embargo, en el rendimiento o avance en la aprehensión de los saberes por parte de los estudiantes no se alcanzan los objetivos en los tiempos estimados, requiriendo la reformulación de contenidos o la extensión del período para la construcción de los conocimientos planificados. Entonces vale la pena analizar ¿hasta qué punto debe usarse el constructivismo social como propuesta pedagógica de los PNF?, ¿constituye una alternativa sacrificar contenidos en función del tiempo de los programas?, ¿es posible adoptar otra estrategia de enseñanza-aprendizaje que mezcle la escuela conductista con la constructivista?...

Del seno del Comité Interinstitucional para la creación del PNF en Ingeniería Mecánica, se informó que algunas Universidades Politécnicas Territoriales (UPT), tomaron más horas de las planificadas para poder lograr los objetivos del programa de la unidad; otras, extendieron la duración del mismo de dos a tres tramos del trayecto (sin embargo, tampoco fue suficiente para la construcción colectiva de saberes). En el caso particular, la alternativa tomada, a partir de la decisión consensuada de los profesores del PNF en Ingeniería Mecánica particular, en función de los logros alcanzados por sus estudiantes tanto en la aprehensión de saberes como en el valor agregado de valores socialistas, fue la culminación de la UC en dos tramos como se tenía previsto, después de reducir algunos contenidos que no aportaban significativamente al propósito general y eliminando los saberes correspondientes a la "Lógica Combinatoria y Lógica Secuencial" (relacionados realmente con una unidad de circuitos neumáticos), que por su importancia en el perfil de los egresados fueron profundizados en una nueva UC (electiva por los momentos), ya que la integración de saberes se lograría a través de la unidad "Proyecto Socio Integrador" del mismo trayecto.

La razón fundamental que llevó a la implementación de esta UC en la UPT del estudio, es que en la mayoría de los procesos industriales nacionales e internacionales la Neumática juega un papel preponderante al momento de la automatización de procesos. En Venezuela, la Neumática está involucrada en todos los procesos de manufactura y producción de rubros petroleros y sus productos derivados, en el amplio contexto de aplicación que tiene (Deppert y Stoll, 2000). Además es muy conveniente su utilización en los procesos de tecnología de alimentos y de producción agroalimentaria, en los cuales se desea un desarrollo soberano, endógeno y sustentable. Aunado a ello, en el caso particular de la UPT en estudio, se dispone de un Laboratorio completo para la realización de prácticas Neumáticas, que de haber estado limitados el tiempo y contenidos a los originalmente planteados en la unidad Automatización Industrial, hubiese estado subutilizado en al menos un ochenta por ciento (80 %) de su capacidad.

Otra razón por la cual la Neumática debe considerarse como UC aparte de la unidad Automatización Industrial, es que para el logro de sus objetivos no necesariamente la institución debe tener un Laboratorio en el cual realizar las prácticas, pues las mismas pueden ser simuladas en su totalidad a través de programas informáticos especialmente diseñados para este propósito. Por otra parte, esto impulsaría al PNF en Informática (impartido también en el caso particular) a la creación de software libre en simulación de sistemas neumáticos. En conclusión, la propuesta concreta del autor en cuanto al problema detectado en la extensión del contenido programático de la unidad en análisis, es la creación de una nueva UC llamada "Sistemas Neumáticos" y la reducción de algunos contenidos de la UC original. Todo ello se detalla en la propuesta presentada en la Sección II de este documento.

En líneas generales los aspectos mencionados fueron los que en opinión del autor son susceptibles de mejora en la UC "Automatización Industrial", sin embargo, el análisis crítico también arroja una serie de características de la pedagogía evidenciada en la práctica docente en la Universidad objeto de estudio, cuya experiencia puede ser aprovechada por otras instituciones de educación universitaria en el logro de sus objetivos académicos. Entre las ventajas de enfocar la pedagogía en el contexto del constructivismo social y del aprendizaje significativo, pueden resaltarse las siguientes:

✓ El trabajo en equipo de profesores, estudiantes y comunidad promueve la creatividad de los estudiantes y generan procesos de interacción, planificación y evaluación participativos.

✓ Los proyectos asumidos como estrategia de enseñanza aprendizaje demuestran ser flexibles, dinámicos y se adecuan a las necesidades del grupo.

✓ Las actividades virtuales permiten la interacción y coparticipación en el proceso de aprendizaje entre estudiantes que se encuentran en puntos geográficos alejados o remotos.

✓ El estudio de casos o problemas de aplicación, propicia el desarrollo de las destrezas del pensamiento, la interdisciplinariedad y el trabajo cooperativo.

Las estrategias de enseñanza aprendizaje asumidas en la UC del presente análisis crítico, verifican lo planteado por Darcy Ribeiro (2006) en el material de lectura N° 5, del Plan de Formación Permanente 2011-2012 (Módulo de Formación Eticopolítico), en su apartado Revolución Pedagógica, al comprobar en la práctica que:

✓ Se aprende estudiando, ya que parte de los conocimientos compartidos se desarrollan en el aula de clase y éstos fueron asimilados por los estudiantes al repasar los propios apuntes y leyendo libros, artículos y otros materiales didácticos.

✓ Se aprende investigando, enseñando y aplicando lo que se sabe a la solución de problemas concretos. Al respecto los estudiantes con la elaboración de su trabajo comunitario y a través del proyecto socio-integrador del trayecto, aplican los conocimientos obtenidos en la solución de problemas de la comunidad, deben investigar profundamente los saberes inducidos por sus docentes necesarios en el proyecto y tienen que dominar cada uno de los aspectos teórico prácticos del proyecto realizado, para explicar las experiencias vividas en el desarrollo del mismo ante los compañeros universitarios, docentes y miembros de los consejos comunales del territorio.

✓ Se aprende trabajando y principalmente viviendo y participando en la comunidad. En este aspecto, en la medida de lo posible, los estudiantes conjuntamente con los miembros de su comunidad y docentes, trabajan activamente en el diagnóstico de los problemas de las comunidades en las que habitan y, direccionando los objetivos de sus trabajos comunitarios y proyectos socio-integradores que realizan a la solución de los problemas detectados.

Con respecto a la evaluación de saberes en los estudiantes en el contexto de estudio, se considera ésta como una oportunidad para el aprendizaje, coexistiendo tres tipos de evaluación: la de tipo diagnóstico, que se administra individualmente al inicio de cada tramo con la finalidad de conocer el nivel de conocimientos adquiridos de cada uno de los estudiantes y su estilo de aprendizaje preferido; la de avance de competencias, aplicada de forma individual o por equipo, como oportunidad de investigación docente en la práctica para corroborar la efectividad de las estrategias de enseñanza aprendizaje que se estén aplicando, y también como comprobación por parte de los estudiantes de cuáles conocimientos necesitan volver a estudiar o repasar; y la evaluación de integración de saberes que generalmente se aplica en forma de auto-coevaluación, participando los miembros de cada equipo, algunos docentes y los compañeros de sección, a través de la difusión de los distintos proyectos y trabajos comunitarios asignados en el transcurso de la UC.

Las técnicas e instrumentos que se utilizan en la evaluación de saberes son de diversa índole, entre los más usados se tienen: la observación, generalmente aplicada en la evaluación actitudinal (responsabilidad, solidaridad, trabajo en equipo,...), uso de mapas conceptuales, portafolios, pruebas individuales, prácticas de laboratorio (para conocimientos conceptuales y procedimentales) y defensa o exposición pública de proyectos (sirven para evaluar entre otros criterios, la facilidad de expresión oral y corporal, dominio de escena, seguridad en si mismos,...)

A pesar de las bondades del método, los docentes de la UPT en estudio, en general han tenido dificultades en la organización de los planes de educación y de evaluación, porque el avance de cada estudiante está supeditado a las propias características de su ritmo y estilo de aprendizaje. Las expectativas que parten del MPPEU suelen ser bastante exigentes en relación con lo que los docentes y discentes pueden lograr en este proceso de adaptación y evolución de una forma de educación a otra, debe considerarse que el proceso histórico que está transitando el país requiere avanzar con paso lento, pero firme y seguro, puesto que se está desmontando una estructura y cultura organizacional de décadas; siendo esto preferible a un proceso rápido pero por su propia naturaleza destinado al fracaso.

2. SECCIÓN II. Propuesta Pedagógica

En la Sección I del presente análisis, fueron presentados dos nudos críticos de la UC
Automatización Industrial, estos son:

i.   Inconsistencia del propósito planteado de la UC con los contenidos de su programa
analítico, pues éste no tiene el alcance pertinente en correspondencia con los
conocimientos que son tratados en el desarrollo de los contenidos.

ii.   Insuficiencia del tiempo de duración del desarrollo de la UC, en relación con: los
contenidos programáticos; las estrategias de enseñanza aprendizajes sugeridas en el
diseño de los Programas de Formación Nacionales; y, las estrategias de enseñanza
aprendizaje practicadas en la UPT, fundamentadas en el constructivismo social, el
aprendizaje significativo y la pedagogía crítica (todo esto involucra una mayor
dedicación del docente en el seguimiento y aplicación de correctivos de las estrategias
utilizadas en el proceso de enseñanza aprendizaje, aplicado de forma personalizada).

Por ello la propuesta pedagógica que se explica en este apartado del análisis está estructurada
en dos partes, la primera consistente en la reformulación del propósito de los programas
sinóptico y analítico de la UC; y la segunda parte en la redefinición de saberes de la UC y la
formulación de una nueva UC denominada "Sistemas Neumáticos" (que sustituye a uno de los
saberes de la UC actual, Automatización Industrial) y la cual puede establecerse como UC
optativa, pero por considerar los conocimientos allí impartidos fundamentales en el perfil del
egresado como Ingeniero, se sugiere que sea incluida como UC obligatoria en el cuarto
trayecto del PNF en Ingeniería Mecánica.

2.1.   Redefinición del Propósito de los Programas Sinóptico y Analítico de la Unidad
        Curricular Automatización Industrial

Se propone el cambio del propósito actual: "Dar las herramientas necesarias para realizar los
cálculos de los distintos elementos que interaccionan en comportamiento dinámico de un
mecanismo o máquina" (MPPEU, 2010), por el que se presenta a continuación (más acorde
con los contenidos programáticos de la UC, cuya justificación se presenta en la Sección I):
*Compartir saberes y experiencias entre docentes, estudiantes, tecnólogos populares y
miembros de las comunidades, sobre sistemas mecánicos, informáticos, eléctricos,
electrónicos, neumáticos e hidráulicos entre otros, integrados en la automatización de
procesos industriales tendentes a la mejora de la efectividad de los sistemas y del talento
humano presente en el entorno productivo de la Nación.*

2.2.   Modificación de contenidos programáticos de la de la Unidad Curricular
        Automatización Industrial

Para no reducir el tiempo de dedicación en la adquisición de los saberes de la UC
Automatización Industrial (y al contrario profundizar en algunos temas considerados
relevantes en el perfil del egresado), después de una serie de reuniones con los demás
docentes del PNF en Ingeniería Mecánica y de la celebración de algunos Consejos de
Integración y Vinculación Social Pedagógicos del PNF, fueron redefinidos en conjunto los
contenidos programáticos de la UC Automatización Industrial, tomándose y aplicándose
previa aprobación del Consejo Académico de la UPT las siguientes modificaciones en el
Programa Analítico:

i.   Reubicación en las UC: Fundamentos Eléctricos, Física y Taller de Mecanizado del
     Trayecto I; Diseño de Máquinas, Mecánica Aplicada y Termodinámica del Trayecto II;
     Técnicas de Mantenimiento y Química del Trayecto III; y, Tribología y Proyecto de
     Manufactura del Trayecto IV, de los saberes ocho y nueve del Módulo II.
     Específicamente:

     Instrumentación industrial. Concepto e importancia de la instrumentación y control de
     procesos. Simbología y notación empleada. Notación y claves de instrumentos.
     Simbología de instrumentos, elementos de medición, válvulas y elementos finales de
     control. Simbología estándar de equipos de proceso.

Elementos de un sistema de instrumentación y control. Tipos de variables. Tipos de señales. De los elementos primarios de un instrumento estudiar la clasificación, principios de operación, aplicaciones y recomendaciones de uso. Ventajas y desventajas de elementos primarios de medición de presión, temperatura, flujo, nivel, humedad relativa y absoluta, viscosidad, pH, peso, fuerza, velocidad, rapidez, frecuencia, densidad, peso específico, masa, tiempo, corriente eléctrica, voltaje, potencia y posición. Transmisores.

Estos conocimientos serán introducidos en cada una de las UC mencionadas, en el momento en que vayan a ser tratadas las variables en cuestión, por ejemplo en Física cuando se vayan a introducir los conceptos de Fuerza, Rapidez y Velocidad, por mencionar algunos y una UC determinada, se tratarán también la nomenclatura, unidades, características, operación y simbología de cada variable y sus instrumentos de medición en los distintos planos. De esta manera se harán significativos los aprendizajes al ser aplicados en la práctica diaria por los estudiantes.

ii.   Reubicación de los contenidos iniciales y profundización de los contenidos del doceavo saber del Módulo II, detallados a continuación:

Lógica combinatoria y lógica secuencial. Sistema de numeración Binaria, Octal y Sexagesimal. Algebra de Boole. Operaciones en lógica formal. Sistemas combinatorios: Implementación en lógica de relé. Circuito neumático. Símbolos. Esquemas. Planos de situación. Esquemas lógicos. Diagrama de funcionamiento. Criterios de aplicación. Manipulación. Detección de posición. Avance lineal y circular. Aplicación neumática a distintos procesos industriales. Sistema secuencial. Técnicas para el diseño de proceso. Sensores, detectores, transductores y aplicaciones industriales en circuitos secuenciales.

Con respecto a los contenidos iniciales, con mayor referencia a la electrónica digital, compuertas lógicas y controladores lógicos programables (PLC), se sugiere su reubicación en el saber "Tecnología aplicada a la instrumentación", por ser allí donde se introducen los conocimientos sobre PLC. Concretamente los contenidos a reubicar serían: Sistema de numeración Binaria, Octal y Sexagesimal. Algebra de Boole. Operaciones en lógica formal. Sistemas combinatorios: Implementación en lógica de relé.

Por su parte, el resto de contenidos deben ser tratados con mayor detalle en una nueva UC sobre tecnología neumática (pues en realidad a esto se refieren dichos saberes), la cual puede ser dictada en forma paralela a la UC Automatización Industrial o una vez terminada ésta, pues es conveniente que ya se hayan estudiado las variables relacionadas con la neumática (presión, volumen, temperatura, velocidad, posición lineal y angular, entre otras).

Concretando los aspectos mencionados, los contenidos programáticos de la UC Automatización Industrial, a ser impartidos en los dos primeros tramos del Trayecto IV, quedarían estructurados de la manera siguiente:

Módulo I.
- ✓ <u>Introducción a los sistemas de control</u>. Definiciones. Control de lazo cerrado y de lazo abierto. Principios de proyectos de Sistemas de Control.
- ✓ <u>Modelado de sistemas físicos</u>. Modelos y representación matemática de modelos físicos. Funciones de transferencia. Linealización de un modelo Matemático no lineal. Diagrama de bloques. Gráficos de flujo de señal. Sistemas de múltiples variables y matrices de transferencia.
- ✓ <u>Análisis de respuesta transitoria</u>. Introducción. Funciones de respuestas impulsiva. Sistemas de primer orden. Sistemas de segundo. Sistemas de orden superiores. Criterios de estabilidad de Routh. Computadoras Analógicas.
- ✓ <u>Introducción a la optimización de sistemas</u>. Introducción. Coeficiente de error estático. Coeficiente de error dinámico. Criterio de error. Introducción a la optimización de sistemas. Controlabilidad. Observabilidad. Sistema de control de tiempo óptimo.
- ✓ <u>El método del lugar geométrico de las raíces</u>. Definición de los lugares geométricos de las raíces. Construcción de los lugares geométricos. Propiedades de los lugares geométricos. Lugar geométrico en Sistemas condicionalmente Estables. Diagrama generalizado del lugar geométrico.
- ✓ <u>El método de respuesta en frecuencia</u>. Introducción. Diagrama Logarítmico. Diagramas polares. Diagrama del logaritmo en función de la fase. El trazo de la magnitud comparado con la variación de fase. Criterios de Estabilidad de Nyquist. Análisis de estabilidad.

Estabilidad relativa. Respuesta de frecuencia en lazo cerrado. Determinación experimental de funciones de transferencia.

✓ <u>Controladores automáticos</u>. Controladores ON - OFF, Controladores Proporcionales, Integrales y Derivativos (P, PI y PID). Sincronización de controladores. Ciclos múltiples de control.

Módulo II

✓ <u>Elementos finales de control</u>. Tipos de elementos finales de control. Características. Igual porcentaje lineal. Cierre rápido. Dimensionamiento. Dispositivos auxiliares. Posicionadores.

✓ <u>Diagramas y documentos empleados en instrumentación y control</u>. Tipos de diagramas. Normas ISA. Diagrama de Flujo de Proceso (DFP). Diagrama de Tubería e Instrumentación (DTI). Diagramas de lazos. Tipos de instalación de instrumentos. Localización de instrumentos. Isometrías de tuberías. Tableros. Tipos de especificaciones. Hojas de datos de instrumentos. Especificaciones de equipo de control. Especificaciones generales.

✓ <u>Tecnología aplicada a la instrumentación</u>. Sistema de numeración Binaria, Octal y Sexagesimal. Algebra de Boole. Operaciones en lógica formal. Sistemas combinatorios: Implementación en lógica de relé. Autómatas programables (PLC). Estructura básica. Relevadores. Procesamiento de entrada y salida. Temporizadores. Programación. Manejo de datos. Selección de un PLC. Microprocesadores y Microcontroladores. Control. Estructura. Buses. CPU. Registro. Memoria. Entrada. Salida. Configuración mínima. Selección y aplicaciones industriales.

Con referencia a las estrategias de enseñanza-aprendizaje, métodos, técnicas e instrumentos de evaluación, deben conservarse los que se vienen aplicando en la UC Automatización Industrial, en vista de los resultados positivos anteriormente detallados en la Sección I del análisis, sin embargo los saberes deben redistribuirse entre los dos tramos de manera que puedan tratarse los contenidos con una mayor práctica y resolución de problemas de casos reales. Se sugiere tratar los primeros seis saberes (hasta "El método de respuesta en frecuencia") en el Tramo I y el resto de saberes durante el Tramo II.

2.3.   Formulación de la nueva UC "Sistemas Neumáticos"

Como se mencionó anteriormente la UC que se propone surge a partir de los saberes a profundizar en la UC Automatización Industrial, denominados "Lógica combinatoria y lógica secuencial". La nueva UC, fue diseñada aplicando un proceso hermenéutico de: los conocimientos de un equipo de docentes del PNF en Ingeniería Mecánica con experiencia en los contenidos respectivos; sus propios conocimientos y experiencias en automatización industrial; la bibliografía sugerida en la UC original (Creus, 2010; Serrano, 2005; Deppert y

Stoll, 2000) y las características relacionadas con los contenidos tratados, presentes en el perfil del egresado del PNF referido.

La duración del desarrollo de los contenidos programáticos fue calculada a partir de su complejidad y de la inclusión de prácticas que deben simular los estudiantes en computadores y luego verificarlas en el Laboratorio de Neumática. En total fueron programadas ocho (8) prácticas, con una duración en promedio de cuarenta y cinco (45) minutos cada una, estimada sobre la base de la experiencia del docente en su labor pedagógica. Sumando el tiempo establecido para las sesiones asistidas y evaluaciones teóricas se obtuvo un total de cuarenta y ocho (48) horas asistidas para el tramo. Por otra parte se consideró conveniente el desarrollo de un proyecto sobre un caso real generado a partir de los problemas comunitarios, el cual podría servir incluso como proyecto del Trayecto IV dependiendo de la complejidad de su automatización. Todo ello arrojó un total de seis (6) horas de dedicación semanal distribuidas en: cuatro (4) asistidas por el docente (HTA) y dos (2) de investigación independiente por parte del estudiante (HTI), es decir en total setenta y dos (72) horas en el Tramo (6 h/sem x 12 sem).

Los saberes y contenidos programáticos de la nueva UC (Sistemas Neumáticos) son presentados en las páginas siguientes, respetando los formatos para Programas Sinópticos del Programa Nacional de Formación en Ingeniería Mecánica.

UNIDAD CURRICULAR: SISTEMAS NEUMÁTICOS		
PROPÓSITO: Dotar al estudiante de los conocimientos básicos sobre el uso de la tecnología neumática en la automatización de procesos industriales		

TRAYECTO: IV	TRAMO: II	CÓDIGO:	U.C.: 2
HTA: 4		HTI: 2	HTE: 6

SABERES	ESTRATEGIAS	EVALUACIÓN
I. <u>Introducción al tratamiento y uso del aire comprimido en el accionamiento de procesos mecánicos.</u> Introducción. Técnica Neumática. Características del aire comprimido. Unidades empleadas y equivalencias. Leyes físicas de utilidad. Presión y Caudal. Aplicaciones de la Neumática en procesos industriales. Comparación frente a otras energías. Ventajas e inconvenientes de la Neumática frente a la oleo-hidráulica. II. <u>Producción, distribución y tratamiento del aire.</u> Introducción. Compresores o generadores de aire comprimido. Compresores alternativos de émbolo y de membrana. Compresores rotativos. Elementos auxiliares del compresor. Depósitos y acumuladores intermedios. Red de distribución. Cálculo de tuberías. Tratamiento final del aire. III. <u>Componentes neumáticos de generación de movimiento.</u> Introducción. Cilindros de doble y simple efecto. Cálculo de la fuerza. Consumo de aire. Cálculo del vástago. Cálculo de la camisa. Cálculo de los tirantes. Fijaciones de los cilindros. Cilindros de doble vástago. Unidades oleoneumáticas de avance. Actuadores rotativos. Pinzas neumáticas. Motores neumáticos.	En cada uno de los temas se hará una exposición incentivando la participación activa de los estudiantes en la discusión y desarrollo del tema y presentación de ejemplos. Se orientará a los estudiantes en la práctica de talleres que permitan afianzar lo visto en cada clase mediante actividades dirigidas. Se usan recursos multimedia que ilustren la fenomenología relacionada con la estructura y propiedades de los sistemas neumáticos. Se asigna un trabajo, donde el estudiante pueda automatizar un proceso real de la comunidad de su entorno haciendo uso de la técnica neumática.	Desarrollo de actividades evaluativas basada en ejercicios y propuestas de casos del área de ingeniería que permitan la aplicación de la técnica neumática en situaciones reales de aprendizaje Se efectúa una evaluación inicial con el fin de obtener información sobre los saberes y experiencias previas para efectuar la planificación en cuanto a lo real y lo necesario. A lo largo del curso la evaluación es valorativa con la finalidad de valorar e interpretar los logros que permitan reorientar situaciones detectadas y mejorar resultados. Se hace énfasis en los procesos para evidenciar los aprendizajes y la actuación de los y las involucradas en el proceso, en relación a los logros alcanzados a favor del desarrollo socioeducativo, sociopolítico y

IV. <u>Componentes neumáticos de distribución, mando, regulación, control y bloqueo</u>. Introducción. Representación esquemática y funciones características. Tipos de válvulas de distribución y de mando. Tipos de accionamiento (manual, mecánico, de pilotaje neumático o eléctrico). Válvulas antiretorno. Válvulas reguladoras de caudal. Válvulas reguladoras de presión y secuencia. Selectores de circuito y válvulas de simultaneidad. Válvulas de escape rápido. Reguladores de escape y silenciadores. V. <u>Gobierno y control de actuadores</u>. Introducción. Gobierno básico de cilindros. Regulación de velocidad. Mando simultáneo. Mando de diferentes puntos. Control de fuerza y mando por presión. Mando temporizado. Anulación de señales de presión. VI. <u>Detectores de señal</u>. Introducción. Microválvulas neumáticas de accionamiento mecánico. Microrruptores eléctricos. Detectores magnéticos. Detectores de proximidad electrónicos. Células fotoeléctricas. Presostatos. Vacuostatos. Temporizadores neumáticos. Captadores de fuga. Captadores fluídicos de proximidad. Detectores de barrera. Amplificadores. VII. <u>Diseño de circuitos neumáticos</u>. Representación esquemática de los mecanismos. Normativa y simbología. Circuitos elementales con uno o dos actuadores. Diagramas de movimientos. Diagrama espacio-fase. Diagrama espacio-tiempo. Diagrama de señales de mando. Formación de grupos de señal neumática. Conexión y alimentación de memorias en cascada. Conexión y alimentación de memorias paso a paso. Ventajas e inconvenientes de cada tipo de conexión de memorias.		sociotecnológico. En los temas relacionados con cálculos, se plantearan casos de problemas reales para que los estudiantes diseñen las respectivas soluciones. En los temas relacionados con diseño de circuitos neumáticos, se realizaran prácticas de laboratorio, cuyo prelaboratorio conste del cálculo, diseño y simulación de los circuitos haciendo uso de un software especializado (Fluidsim, Automation Studio, Pneusim u otros), luego la práctica será desarrollada con los componentes neumáticos en el laboratorio. La calificación final del curso se obtiene mediante el promedio de todas las actividades de evaluación realizadas.

REFERENCIAS: Creus, A. (2010). *Neumática e Hidráulica*. México:Marcombo., Serrano, A. (2005). *Neumática*. 5ª Ed. España: Paraninfo., Depert, W. y Stoll, K. (2000). *Aplicaciones de La Neumática*. Colombia: Alfaomega.

Conclusión

El Análisis Crítico de las Unidades Curriculares donde los docentes realizan su praxis pedagógica, como parte de los requisitos para optar al cargo de docente ordinario en sus respectivas Universidades, es un aporte valiosísimo que debe ser integrado al proceso colectivo de evaluación de la calidad universitaria en búsqueda de la transformación tan reclamada por la sociedad venezolana.

Es incuestionable el valor de la opinión del docente sobre la base de su propia experiencia y de su relación cotidiana con los discentes, donde validan las estrategias pedagógicas y de evaluación puestas en práctica en el compartir y construcción de saberes. Por otra parte, en los análisis críticos se reflejan las técnicas, métodos e instrumentos que los docentes aplican y cómo articulan los contenidos programáticos, en unión con sus estudiantes, en la resolución de los problemas que tienen las comunidades de su incumbencia.

El presente análisis crítico refleja que al menos en un caso, lo planificado a nivel central no se corresponde con lo practicado en particular y que existen diversas realidades que deben ser consideradas al momento de formular los planes de estudios universitarios. Las autoridades de los organismos planificadores deben aprovechar los análisis críticos desarrollados e incluir en la planificación de la oferta universitaria, no solamente la opinión de los docentes y estudiantes universitarios, sino las exigencias de las comunidades en las cuales ellos hacen vida.

Por otra parte es importante que la experiencia del análisis crítico, sea retomada por los docentes y directivos universitarios, como una técnica de aplicación regular para la evaluación reflexiva de las estrategias de enseñanza-aprendizaje y la actualización recurrente de los contenidos programáticos. Esto sin duda se verá reflejado en la mejora de las actividades académicas y coadyuvará en el desarrollo sustentable de las universidades venezolanas.

Referencias

Constitución de la República Bolivariana de Venezuela (1999). *Gaceta Oficial de la República Bolivariana de Venezuela*, 36.860 (Extraordinaria), Diciembre 30, 1999.

Creus, A. (2010). *Neumática e Hidráulica*. México:Marcombo.

Deppert, W. Y Stoll, K. (2000). *Aplicaciones de La Neumática*. Colombia: Alfaomega.

González F. (2011). *El pensamiento de Vigotsky*. México: Ed. Trillas.

Kofler, L. (1973) *Historia y dialéctica*. Buenos Aires: Ed. Amorrourtu.

MINCI (2007). *Líneas generales del Plan de Desarrollo Económico y Social de la Nación 2007-2013*. Caracas: Autor.

MPPEU (2010). *Programa Sinóptico de la unidad Automatización Industrial*. Caracas: Autor.

Quesada, R. (2004). *Estrategias para el aprendizaje significativo*. México: Ed. Limusa.

Ramírez, S. (1999). *Teoría General de Sistemas de Ludwig Von Bertalanffy*. México: UNAM.

Ribeiro, D. (2006). *La universidad nueva: un proyecto*. Caracas: Biblioteca Ayacucho.

Serrano, A. (2005). *Neumática*. 5ª Ed. España: Paraninfo.